Guillermo Gallego Chacón

Investigação de uma nova tecnologia de propulsão espacial em condições criogénicas

Guillermo Gallego Chacón

Investigação de uma nova tecnologia de propulsão espacial em condições criogénicas

Estudo experimental do componente principal de uma tecnologia para a sua utilização na propulsão espacial em condições criogénicas

ScienciaScripts

Imprint

Cover image: www.ingimage.com

This book is a translation from the original published under ISBN 978-620-2-06825-3.

Publisher:
Sciencia Scripts
is a trademark of
Dodo Books Indian Ocean Ltd. and OmniScriptum S.R.L publishing group

120 High Road, East Finchley, London, N2 9ED, United Kingdom
Str. Armeneasca 28/1, office 1, Chisinau MD-2012, Republic of Moldova, Europe
Printed at: see last page
ISBN: 978-620-7-95553-4

Índice

Visão geral

À medida que a tecnologia aeroespacial avança, surgem novos desafios que têm de ser geridos e resolvidos para tornar possíveis as futuras missões de exploração espacial. Este estudo aborda um desses desafios: O armazenamento eficiente a longo prazo do propulsor criogénico. Atualmente, a tecnologia disponível não está suficientemente desenvolvida para garantir o isolamento térmico durante toda a missão, que pode ser de meses ou mesmo anos. É um facto adquirido que o propulsor se perderá devido à ebulição. Isto exige inevitavelmente a necessidade imperiosa de controlar as bolhas geradas pela ebulição por duas razões: Em primeiro lugar, para evitar a perda de milhares de litros de propulsor e, em segundo lugar, para prevenir a possível geração de estruturas de espuma, que podem ser perigosas em diferentes fases da missão. Uma das tecnologias propostas pelo laboratório de Microgravidade da UPC para controlar e eliminar as bolhas baseia-se na utilização de ondas acústicas ultra-sónicas, criadas por dispositivos piezoeléctricos. O objetivo deste estudo é encontrar um material piezoelétrico que funcione corretamente a temperaturas criogénicas, mais exatamente a -253^0 C que é a temperatura de ebulição do hidrogénio líquido, para obter o controlo das bolhas no líquido. A nossa hipótese inicial baseia-se na possibilidade de controlar a formação e a dinâmica das bolhas em ebulição em tanques de armazenamento de propulsores criogénicos através de uma onda acústica gerada por um dispositivo piezoelétrico.

Atualmente, não existe nenhum material cerâmico piezoelétrico que funcione eficazmente e seja durável a temperaturas tão baixas. De facto, o efeito piezoelétrico quase não foi estudado a estas temperaturas, provavelmente devido à falta de aplicações. No entanto, existem estudos sobre o controlo de bolhas em líquidos por meio de ondas acústicas em microgravidade. A pesquisa de um bom material piezoelétrico para este fim revela-se um desafio sem sucesso garantido. Por outro lado, se tal material fosse encontrado, poderia ser utilizado em futuras missões espaciais.

Este estudo faz parte de um projeto de investigação subsidiado pelo governo pela sua originalidade e inovação no sector aeroespacial, uma vez que é o primeiro a focar este problema para as condições reais em condições criogénicas. O seu foco principal está nas condições criogénicas dos fluidos. Para levar a cabo o estudo, foram adquiridas cerâmicas piezoeléctricas, selecionadas especificamente pelas suas propriedades promissoras, para levar a cabo as experiências pretendidas.

As medições foram obtidas no laboratório de Materiais Piezoeléctricos do Departamento de Física da UPC. Os resultados mostram que a aplicação pretendida não é viável, uma vez que as propriedades piezoeléctricas de todos os materiais cerâmicos estudados têm vindo a diminuir exponencialmente com a temperatura até um mínimo em que o desempenho desejado na gama de temperaturas de funcionamento pretendida não aparece de todo.

Concluímos que a utilização destas cerâmicas, que pela sua conceção eram inicialmente muito promissoras, deve ser descartada pela insuficiente resposta piezoeléctrica em condições criogénicas. No entanto, o objetivo do projeto não está completamente descartado, uma vez que existem outros materiais possíveis, como os cristais piezoeléctricos, que poderiam funcionar como pretendido a temperaturas muito baixas.

Tabela de acrónimos

BCTZ: Barium Calcium Titanate Zirconate

PZT: Lead Zirconate Titanate

LCR: Inductance, Capacitance and Resistance

AC: Alternating Current

UPC: Universitat Politècnica de Catalunya

1. Introdução

O desejo dos seres humanos de viajar para outros planetas ou de efetuar longas viagens pelo espaço dá origem à necessidade imperiosa de desenvolver novas tecnologias capazes de realizar este importante objetivo. Em missões de longa distância, por exemplo a Marte, existem problemas associados ao armazenamento a longo prazo do propulsor, tais como as perdas devidas à ebulição. As bolhas de vapor geradas no interior do depósito de combustível podem criar problemas perigosos em diferentes fases das operações. Atualmente, não existe tecnologia suficiente para assegurar o isolamento térmico de todos os reservatórios de propulsores criogénicos durante um longo período de tempo. É necessário desenvolver uma técnica para controlar estas bolhas de vapor. Uma delas, que nos poderia permitir controlar e eliminar as bolhas, é a utilização de campos acústicos, atualmente em desenvolvimento no Laboratório de Microgravidade da UPC. Um dispositivo piezoelétrico gera uma onda acústica capaz de reter e deslocar as bolhas de vapor para outra parte do tanque, onde o líquido é sub-arrefecido e onde elas colapsam. Para que esta técnica possa ser aplicada no espaço, é necessário primeiro testá-la em condições criogénicas. No entanto, não existe nenhum material que tenha provado possuir propriedades piezoeléctricas a 20 K, que é a temperatura de ebulição do Hidrogénio.

É crucial encontrar uma solução para controlar as bolhas de vapor, uma vez que a viabilidade da utilização de motores de propulsão líquida baseados em hidrogénio líquido (LH2) e as missões de longo alcance dependem disso. Atualmente, é possível reduzir a taxa de ebulição para menos de 3% por mês. Apesar disso, a questão torna-se um desafio quando a missão tem uma duração de 6 meses ou mais. As técnicas actuais de isolamento térmico não são suficientes e são necessárias outras técnicas de controlo das bolhas.

O objetivo deste estudo é encontrar um material que apresente um comportamento piezoelétrico suficiente a temperaturas criogénicas, para manter perdas mínimas de combustível durante vários meses.

Para realizar o estudo, escolhemos diferentes materiais para testar as suas propriedades piezoeléctricas a uma temperatura criogénica. Estes materiais são comerciais e não comerciais, estes últimos especialmente criados para teoricamente terem boas propriedades piezoeléctricas a baixas temperaturas. Além disso, os não comerciais são materiais cerâmicos sem chumbo para evitar a contaminação que o chumbo gera. O processo de obtenção das medidas foi realizado no laboratório de Materiais Piezoeléctricos do Departamento de Física da UPC, que está equipado com duas bombas de vácuo, um compressor e uma estação criogénica. Mas, para obter medições corretas, as amostras têm de ser submetidas previamente a um processo de preparação.

Este estudo consiste numa breve revisão histórica da piezoeletricidade e dos ultra-sons, seguida de uma explicação dos materiais que foram escolhidos para este trabalho e das razões da sua seleção. E, finalmente, a discussão das medições e dos resultados.

1.1. Contexto histórico

O desenvolvimento dos ultra-sons começou verdadeiramente com a criação de transdutores subaquáticos, para a deteção de submarinos na Primeira Guerra Mundial. O psicólogo e padre Lazzaarro Spallanzani (1729-1799), foi o primeiro a perceber que estamos rodeados de sons inaudíveis para os ouvidos humanos [1]. Mas foi em 1794 que ele concretizou as suas ideias graças a uma experiência feita com morcegos, onde verificou que, em vez da visão, estes animais usavam a audição para localizar e apanhar objectos no ar e para poderem voar sem se despenharem. Mais tarde, descobriu-se que os morcegos emitem ondas sonoras que colidem com objectos cujos ecos regressam para serem captados pelos seus ouvidos e processados pelos seus cérebros. A este tipo de orientação chama-se eco-localização.

Em 1881, Pierre Curie e o seu irmão Jacques Curie descobriram que alguns cristais reagiam gerando um potencial elétrico quando lhes era aplicada uma tensão mecânica. Este comportamento é conhecido como efeito piezoelétrico. Posteriormente, os irmãos Curie demonstraram o efeito inverso; que os cristais podiam deformar-se quando era aplicada uma tensão eléctrica [2]. Observaram também que este efeito era geralmente reversível e que, quando os cristais deixavam de estar sujeitos a um campo elétrico, voltavam à sua forma original. Este feito científico foi o início da criação do que hoje conhecemos como transdutores de ultra-sons.

Desde a sua descoberta até aos nossos dias, os estudos sobre o fenómeno piezoelétrico tiveram períodos de rápido progresso. Paul Langevin, um físico francês, inventou o primeiro eco-localizador para detetar icebergues, logo após o naufrágio do Titanic em 1912. Esta invenção foi denominada Hidrofone e foi o primeiro transdutor de ultra-sons. O transdutor de Langevin consistia numa camada de quartzo colocada entre duas chapas de aço, capaz de gerar ondas de ultra-sons. Era um dispositivo capaz de enviar e receber ondas de alta frequência. Mais tarde, o hidrofone foi utilizado na Primeira Guerra Mundial, para a deteção de submarinos inimigos (SONAR: Sound Navigation And Ranging). Neste período, foram descobertos novos materiais piezoeléctricos como o Titanato de Bário (BT) e o Zirconato Titanato de Chumbo (PZT), que permitiram um avanço significativo na utilização e aplicação de materiais piezoeléctricos em diferentes ramos da indústria. Têm sido utilizados com êxito em numerosas aplicações industriais, como na indústria aeroespacial, na medicina, na instrumentação nuclear e, ultimamente, como sensores de pressão em touch pads, telemóveis ou como sensores de inclinação em eletrónica de consumo. Também na indústria automóvel, os elementos piezoeléctricos são aplicados para monitorizar a combustão no desenvolvimento de motores de combustão interna.

1.2. Efeito intrínseco e extrínseco

As propriedades funcionais dos materiais piezoeléctricos dependem da sua natureza microscópica [2]. Nos policristais (cerâmicas), cada grão cerâmico apresenta uma configuração de domínio. Em cada domínio, a orientação dos dipolos é a mesma. Estes domínios surgem como consequência da natureza ferroeléctrica da cerâmica. As diferentes orientações possíveis dos dipolos dentro de cada domínio dependem da estrutura cristalográfica da cerâmica.

As propriedades dieléctricas e electromecânicas dos materiais piezoeléctricos dependem da capacidade de alterar a polarização macroscópica sob a aplicação de um estímulo elétrico ou mecânico externo. A estrutura de domínio provoca o aparecimento de dois processos diferentes de mudança de polarização do material: as chamadas contribuições intrínsecas e extrínsecas [3]. O efeito intrínseco é devido à mudança de polarização de cada dipolo individual, alterando apenas a sua magnitude de polarização, mas sem variar os limites dos domínios ferroeléctricos. Seria o que aconteceria se todo o grão fosse um único mono-domínio, mudando sua polarização como resultado da aplicação de um campo elétrico ou de uma tensão externa. Por outro lado, o efeito extrínseco é facilmente definido como todas as respostas que são diferentes da resposta intrínseca, que é principalmente devida ao movimento da parede do domínio. Os dipolos comutam, uma vez que trocam o seu domínio com um domínio vizinho.

O comportamento global de uma cerâmica piezoeléctrica é a sobreposição destes dois efeitos, o intrínseco e o extrínseco. A maioria das cerâmicas piezoeléctricas tem excelentes coeficientes dieléctricos e electromecânicos graças à contribuição do efeito extrínseco. Uma boa contribuição extrínseca implica um valor elevado do coeficiente piezoelétrico, como se verifica nas piezocerâmicas "clássicas" [4].

Assume-se que o efeito intrínseco é um comportamento independente da temperatura, enquanto o efeito extrínseco, produzido pelo movimento das paredes dos domínios, depende da temperatura [5]. Além disso, aceita-se que, a temperaturas muito baixas, a contribuição extrínseca desaparece porque as paredes dos domínios congelam [6]. Esta é a razão pela qual se procuraram materiais com uma contribuição intrínseca potencialmente elevada, uma vez que se espera que funcionem a temperaturas criogénicas. Desta forma, obteríamos bons resultados nos coeficientes piezoeléctricos a baixas temperaturas, porque se espera que a sua queda seja menos acentuada.

Para efetuar este estudo foram escolhidos dois tipos de materiais. Um grupo de piezocerâmicas comerciais, que são utilizadas como materiais de referência para testar os sistemas experimentais. O outro grupo contém um conjunto de materiais sem chumbo, não comerciais, nos quais se centra o presente estudo.

2. Materiais avaliados

2.1. PZT

O titanato de zirconato de chumbo, com a fórmula química $PbZr_x$ $_{Ti\text{-}l.x\theta 3}$, vulgarmente designado por PZT, é o material piezoelétrico mais utilizado porque apresenta propriedades piezoeléctricas impressionantemente boas [7]. O PZT tem uma estrutura cristalina de perovskite, sendo cada unidade constituída por um pequeno ião metálico tetravalente numa rede de grandes iões metálicos divalentes. No caso do PZT, o pequeno ião metálico tetravalente é o titânio ou o zircónio. O grande ião metálico divalente é o chumbo. Sob condições de composição que conferem a coexistência de simetrias cristalográficas tetragonais e romboédricas, denominadas fronteira de fase morfotrópica, os PZT exibem propriedades melhoradas.

O PZT é um material piezoelétrico à base de óxido desenvolvido por cientistas do Instituto de Tecnologia de Tóquio por volta de 1952. Em comparação com o material piezoelétrico à base de óxido anteriormente descoberto, o titanato de bário (BaTiO3 ou BT), o PZT apresenta uma maior sensibilidade e uma temperatura de funcionamento mais elevada. Para além disso, o sistema PZT pode ser modificado em termos de composição por dopagem, resultando num conjunto de materiais à base de PZT com propriedades singulares para aplicações específicas [2].

Devido à sua versatilidade, os materiais à base de PZT governam o enorme mercado das piezocerâmicas. No entanto, estes materiais têm alguns inconvenientes. O mais importante é o seu elevado teor de chumbo. O sucesso crescente do PZT liberta cada vez mais chumbo para o ambiente, principalmente sob a forma de óxido de chumbo ou de titanato de zirconato de chumbo. Isto ocorre durante a calcinação e a sinterização, em que o óxido de chumbo se evapora, durante a maquinagem dura dos componentes e após a utilização, com os problemas inerentes à reciclagem e à eliminação de resíduos. Consequentemente, em 2003, a União Europeia (UE) incluiu o PZT na sua legislação para ser substituído como substância perigosa por materiais seguros [8]. Assim, as novas aplicações de materiais piezoeléctricos são chamadas a utilizar materiais sem chumbo como alternativa aos materiais à base de chumbo.

Outro inconveniente, mais importante no contexto deste trabalho, das piezocerâmicas comerciais à base de PZT é que as propriedades electromecânicas destes materiais diminuem drasticamente quando a temperatura desce para a região criogénica. Esta é a principal razão pela qual, neste trabalho, exploramos as propriedades de outros materiais piezoeléctricos.

2.2. BCTZ

Como o sistema piezoelétrico mais comum contém chumbo, e devido à sua toxicidade, há uma procura de alternativas sem chumbo ao PZT. No entanto, as alternativas sem chumbo têm de ser fiáveis em aplicações a longo prazo e têm de apresentar um bom desempenho piezoelétrico. A cerâmica piezoeléctrica BCTZ parece ser um material piezoelétrico alternativo sem chumbo promissor, uma vez que apresenta uma grande resposta piezoeléctrica à temperatura ambiente [9].

Neste trabalho, as cerâmicas piezoeléctricas baseadas no sistema BaTiO3-BaZrO3-CaTiO3 (BCTZ) são escolhidas por apresentarem excelentes propriedades à temperatura ambiente e, potencialmente, boas propriedades intrínsecas. Esta é, como já foi referido, a contribuição mais importante a temperaturas criogénicas. Foi testado um conjunto de diferentes amostras de BCTZ, com composições $Ba_{1-x}Ca_xTi_{0.}Zr_{90}._1O_3$ (x = 0.1, 0.125, 0.15, 0.16, 0.17, 0.18). Estes materiais foram sintetizados no Instituto de Investigaciones en Materiales da Universidad Nacional Autònoma de México, e algumas das suas propriedades foram recentemente comunicadas [10]. As melhores propriedades à temperatura ambiente destas composições são esperadas para x = 0,15 [11]. No entanto, não existem estudos até à data sobre o desempenho destes materiais a temperaturas criogénicas. Assim, este estudo é inédito na área de ciência dos materiais. Além disso, é importante ressaltar que o sistema BCTZ ainda não foi estudado e nem todas as composições do sistema foram sintetizadas e investigadas.

As composições escolhidas têm uma diferença importante em relação às cerâmicas piezoeléctricas mais comuns. A temperatura de Curie, que é a temperatura à qual o material muda de piezoelétrico para não piezoelétrico, é menos elevada do que para a maioria das cerâmicas [12]. Isto leva a supor que se a temperatura de Curie for mais baixa, então as propriedades piezoeléctricas a temperaturas criogénicas poderão ser melhores, uma vez que esta mudança de fase é acompanhada por um pico da constante dieléctrica. Devido a esta situação, espera-se um melhor desempenho a temperaturas criogénicas. Estando o ponto de Curie a uma temperatura mais baixa, o pico correspondente da constante dieléctrica estará também a uma temperatura mais baixa. Assim, as propriedades analisadas devem atingir valores mais elevados a temperaturas criogénicas do que quando comparadas com as propriedades com pontos de Curie elevados.

3. Procedimento experimental

3.1. Preparação das amostras

O processo de polimento é a última fase da preparação de um material piezoelétrico. Este processo envolve uma série de sub-passos, para finalmente obter um material piezoelétrico com boas propriedades.

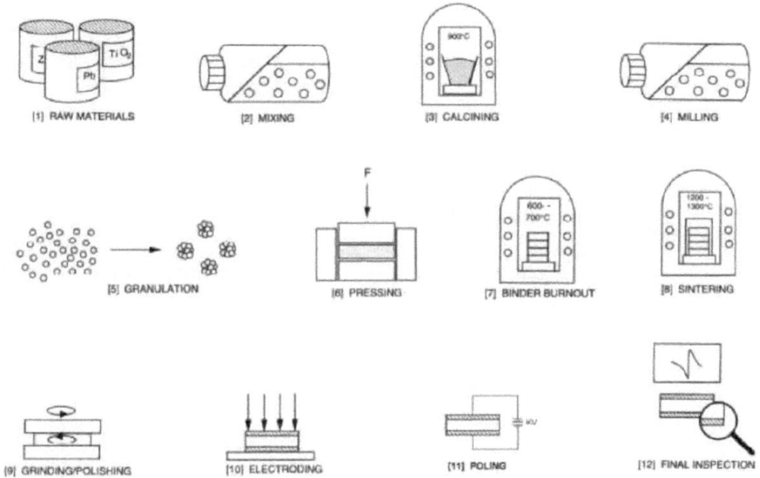

Figura 3.1: Processo de fabrico piezoelétrico [13]

Nos materiais piezoeléctricos, os dipolos com orientação paralela estão agrupados num chamado domínio de Weiss. Nas cerâmicas normais, estes domínios estão agrupados de forma aleatória. Isto faz com que a sua resposta a um campo elétrico externo tenda a ser nula, não produzindo qualquer alteração nas dimensões da cerâmica, que é o verdadeiro efeito piezoelétrico.

Para obter uma resposta piezoeléctrica, os dipolos têm de estar permanentemente alinhados. Para o conseguir, recorre-se a um processo de polarização. O processo de polarização depende principalmente dos valores do campo elétrico externo, da duração do impacto e da temperatura de polarização.

O campo elétrico externo será diferente dependendo do material. No nosso caso, aplicamos uma tensão de 2000 V/mm [10]. Como a rutura eléctrica do ar ocorre a ≈1500 V/mm, a polarização tem de ser realizada em óleo de silicone. Este passo demora 30 minutos. A tensão aplicada e o tempo de polarização são diferentes para cada material, pelo que o fabricante recomenda, para cada caso, tensões e tempos de polarização específicos.

A temperatura de Curie é a temperatura máxima de exposição de qualquer cerâmica piezoeléctrica. Acima desta temperatura, todas as propriedades piezoeléctricas se perdem. Se a temperatura de Curie for elevada, a temperatura a que se efectua a polarização é também elevada, mas muito abaixo dela. No entanto, no caso das nossas amostras não comerciais, a polarização é feita à temperatura ambiente, porque a temperatura de Curie não é demasiado elevada. Por outro lado, no caso das amostras comerciais (PZT) a polarização foi feita a uma temperatura mais elevada porque a temperatura de Curie dos materiais comerciais é mais alta. A polarização de uma cerâmica piezoeléctrica consiste em três mecanismos principais: 1) o aumento da polarização intrínseca do domínio, 2) o movimento das paredes do domínio e 3) as mudanças locais da fase ferroeléctrica. Na figura 3.2 é mostrada a diferença na configuração dos domínios entre uma cerâmica polarizada e uma não polarizada.

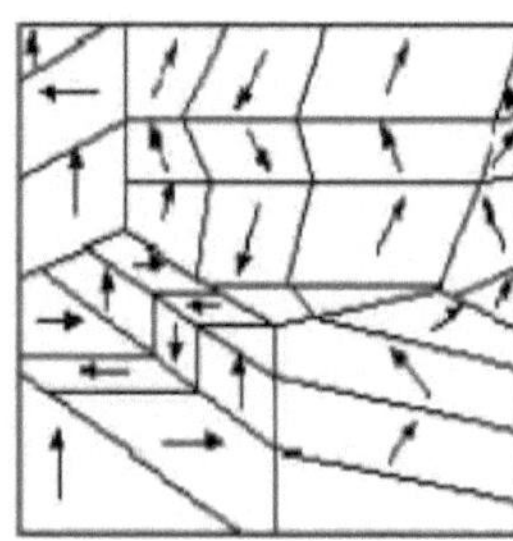

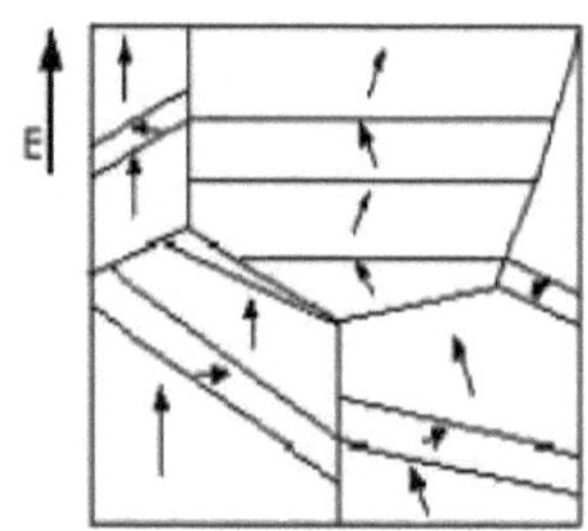

Figura 3.2: Cerâmica não polarizada (esquerda) e cerâmica polarizada (direita) [14]

Como se pode ver, os domínios de uma cerâmica não polarizada estão orientados em todas as direcções. No entanto, quando a cerâmica é polarizada, os seus domínios são reorientados para a direção do campo elétrico. Quando um campo elétrico é aplicado, os domínios da cerâmica estão orientados exatamente na sua direção, mas quando este deixa de ser aplicado, os domínios permanecem aproximadamente na mesma direção, como se pode ver na figura 3.2.

3.2. Cálculo dos coeficientes

Para obter os coeficientes piezoeléctricos, é necessário o conhecimento das equações fundamentais, mas estas equações mudam consoante a geometria da amostra. Assim, se o corpo de prova for uma barra, serão utilizadas equações diferentes das de um disco, por exemplo. Por este motivo, esta secção foi subdividida. Mas como as nossas amostras são apenas discos, foram aplicadas as equações dos discos.

Quando um material cerâmico piezoelétrico é exposto a um campo elétrico AC, as suas dimensões alteram-se ciclicamente. A frequência a que a cerâmica piezoeléctrica vibra mais facilmente e converte mais eficientemente a energia eléctrica em energia mecânica é a frequência de ressonância.

A admitância é inversamente proporcional à impedância, pelo que quando a impedância é mínima, a admitância é máxima. Isto é o que acontece em condições de ressonância, uma vez que a impedância nesse momento é sempre a mínima. Por outro lado, na frequência de antirressonância a admitância é nula e a impedância é máxima. Estas condições de admitância serão utilizadas para obter diferentes coeficientes piezoeléctricos.

Na figura 3.3 pode ver-se o padrão de resposta de um elemento. À medida que a frequência é aumentada, as oscilações dos elementos aproximam-se primeiro da frequência em que a impedância é mínima. Esta frequência de impedância mínima, f_m , é a frequência em que a impedância num circuito elétrico que descreve o elemento é zero, se a resistência causada por perdas mecânicas for ignorada. A frequência de impedância mínima é também a frequência de ressonância, f_r .

À medida que a frequência aumenta, também a impedância aumenta até um máximo. Esta frequência máxima de impedância é também a frequência de antirressonância, f_a.

A frequência de ressonância depende da composição do material cerâmico e do volume e forma do elemento. Geralmente, um elemento mais espesso tem uma frequência de ressonância mais baixa do que um elemento mais fino com a mesma forma.

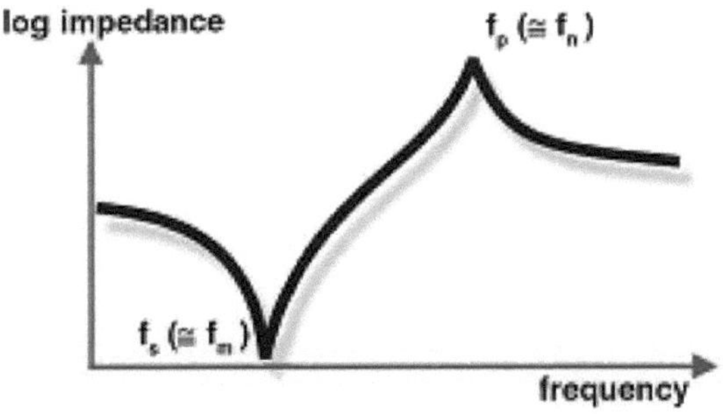

Figura 3.3 Impedância em função da frequência do ciclo

3.2.1. Coeficientes piezoeléctricos da barra

Nesta parte, são expostos os coeficientes piezoeléctricos utilizados neste estudo para conhecer as propriedades piezoeléctricas das amostras. Estes coeficientes foram obtidos através da solução para as frequências de ressonância e antirressonância nas admitâncias correspondentes [15].

Em primeiro lugar, há que ter em conta que, quando se trabalha com varões, a geometria é importante. Assim, a figura 3.4 é um exemplo de uma amostra de barra.

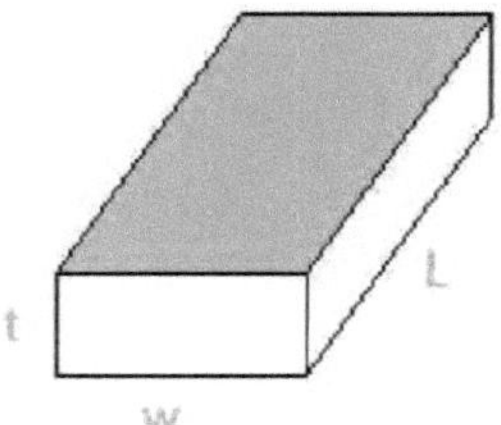

Figura 3.4. Barra de comprimento L, largura w e espessura t [16]

Os eléctrodos são colocados na superfície maior, ou seja, na superfície cinzenta. Esta disposição deve-se ao facto de a amostra ser estudada em modo longitudinal.

Para evitar a sobreposição dos diferentes modos de vibração longitudinal em ressonância, o varão deve obedecer às seguintes condições geométricas, w >L⁄3et>L⁄3 [15].

Os coeficientes piezoeléctricos utilizados são a complacência de campo constante, o coeficiente de acoplamento, a permissividade e o coeficiente piezoelétrico, que são apresentados a seguir, respetivamente.

$$s_{11}^{E} = \left(\frac{n}{2l}\right)^{2} \frac{1}{\rho\left(f_{r}^{n}\right)^{2}} \quad (3.1)$$

Onde l é o comprimento, *p* é a densidade, f_r^n é a frequência de ressonância e 'n' representa o número harmónico, (n=1 fundamental, n=2 primeira harmónica, etc.).

$$k_{31} = \frac{1}{1 - \sqrt{\frac{\tan\left(\gamma\alpha^{E}\right)}{\gamma\alpha^{E}}}} \quad (3.2)$$

O parâmetro / depende da frequência angular e do comprimento e a^E depende da densidade e do cumprimento do campo constante.

Para determinar a permissividade, é necessário medir a capacidade em frequência onde Y=0. Isto ocorre af= $2f_r$ e a partir de C^p :

$$\varepsilon_{33}^{T} = \frac{t}{wl}\frac{1}{1-k_{31}^{2}}C^{P} \quad (3.3)$$

Haste de comprimento l, largura w e espessura t

E, finalmente, o coeficiente piezoelétrico depende dos três coeficientes anteriores da forma seguinte:

$$d_{31}^{2} = \varepsilon_{33}^{T} s_{11}^{E} k_{31}^{2} \quad (3.4)$$

3.2.2. Coeficientes piezoeléctricos do disco

Tal como acontece com os varões, é necessária uma condição geométrica para evitar a sobreposição dos diferentes modos de vibração num disco. Todos os discos devem cumprir esta condição geométrica para garantir que d>5t, onde d é o diâmetro da amostra e t é a espessura. As dimensões das amostras utilizadas neste trabalho são referidas na tabela 3.1.

Cerâmica	diâmetro (mm)	Espessura (mm)
BCTZ-0,1	10,26	1,230
BCTZ-0,125	10,27	1,230
BCTZ-0,15	10,25	1,310

BCTZ-0,16	10,27	1,260
BCTZ-0,17	10,31	1,280
BCTZ-0,18	10,18	1,330
BCTZ-1250°	10,03	1,580
BCTZ-1275°	10,02	1,590
BCTZ-12750-2	10,04	1,440
BCTZ-1300o	9,94	1,590
PZ26	20,26	1,030

Tabela **3.1**. Medidas geométricas das amostras utilizadas.

Os coeficientes piezoeléctricos necessários neste estudo são a complacência elástica, o coeficiente de acoplamento eletromecânico, o coeficiente piezoelétrico e a permissividade dieléctrica a tensão constante, que são apresentados a seguir, respetivamente.

$$\left(s_{11}^{E}\right) = \frac{1}{\rho\left(v^{P}\right)^{2} - \left[1 - \left(v^{P}\right)^{2}\right]} \qquad (3.5)$$

Onde ρ é a densidade e Vp é a velocidade planar.

$$k_{31}^{2} = \frac{d_{31}^{2}}{\varepsilon_{33}^{T} * s_{11}^{E}} \qquad (3.6)$$

$$d_{31} = e_{31}^{P} * (s_{11}^{E} + s_{12}^{E}) \qquad (3.7)$$

$$\varepsilon_{33}^{T} = \varepsilon_{33}^{P} + \frac{2d_{31}^{2}}{(s_{11}^{E} + s_{12}^{E})} \qquad (3.8)$$

A direção da ação ou resposta piezoeléctrica depende da orientação do eixo de polimento. Esta orientação determina a direção da ação ou resposta. Para descrever estas direcções, são utilizados eixos ortogonais, em que 1 corresponde ao eixo x, 2 corresponde ao eixo y e 3 corresponde ao eixo z. No entanto, nos materiais cerâmicos, 1 e 2 são equivalentes. Os termos 4, 5 e 6 referem-se a vários modos de corte associados às outras três direcções.

Algumas equações constitutivas piezoeléctricas são as seguintes [16]:

$$\{S\} = [s^E]\{T\} + [d^T]\{E\} \quad (3.9)$$

e

$$\{D\} = [d]\{T\} + [\epsilon^T]\{E\} \quad (3.10)$$

Onde se podem ver os coeficientes anteriormente explicados. A equação 3.9 é a deformação elástica e a equação 3.10 é o deslocamento elétrico. O que realmente interessa é a equação da deformação elástica. A primeira parte de ambas as equações é constante, ou seja, a tensão aplicada é constante. Assim, a parte importante da equação 3.9 é a que relaciona o coeficiente piezoelétrico com o campo elétrico que resulta na deformação elástica.

O coeficiente de acoplamento eletromecânico κ é a quantidade de energia eléctrica que se transforma em energia mecânica em condições ideais, sem ter em conta as perdas dieléctricas. A conformidade elástica s é a deformação obtida apenas na aplicação de tensão mecânica. O coeficiente piezoelétrico d é a relação entre a tensão aplicada e a deformação obtida como se pode ver na equação 3.9.

3.3. Sistema experimental

As medições das frequências de ressonância e de antirressonância, da fundamental e da primeira harmónica, para avaliar a elasticidade, os coeficientes piezoeléctricos e dieléctricos, bem como as perdas dieléctricas, são realizadas num sistema experimental que permite efetuar varrimentos de temperatura de 390 K a 15 K.

Este sistema é constituído por um frigorífico de água e um compressor de hélio com duas bombas de vácuo; uma para criar um vácuo relativo e outra para criar super-vácuo. Esta configuração é o sistema de arrefecimento que permite descer até 15 K. Além disso, o sistema tem um controlador de temperatura para poder efetuar a varredura de temperatura de forma controlada. As medições da baixa frequência de ressonância foram efectuadas com um analisador de impedância. No entanto, para calcular as propriedades dieléctricas foi utilizado um LCR de precisão.

O sistema completo está ligado a um computador que se encarrega de efetuar as medições e de guardar os dados de cada temperatura através de um processo automatizado.

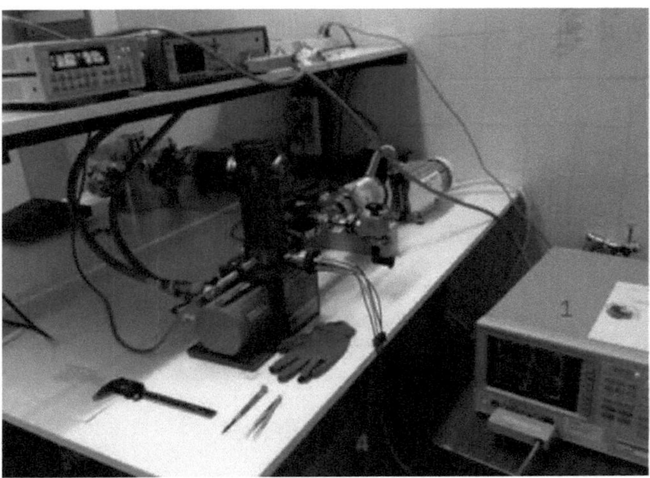

Figura 3.5. Sistema experimental (analisador de impedância, duas bombas de vácuo, dedo

frio e compressor).

A figura 3.7 mostra os diferentes componentes do laboratório que foram mencionados anteriormente nesta secção. Para se ter uma ideia clara, os componentes estão numerados:

1. Analisador de impedância
2. Duas bombas de vácuo
3. Dedo frio
4. Compressor, também debaixo da mesa está a bomba de água.

As amostras são colocadas no chamado dedo frio, mas o verdadeiro dedo frio é o que está dentro da caixa azul, dentro da outra caixa metálica. Existem duas caixas para garantir o máximo isolamento possível.

Os contactos nas medições de ressonância são pequenos pinos que tocam a amostra no meio e estão isolados do dedo frio, diminuindo assim a introdução de ruído na medição. Por esta razão, as mudanças de temperatura, produzidas pela radiação, ocorrem lentamente. Para garantir uma boa estabilidade térmica da amostra, o sistema permanece em estabilização durante 10 minutos, após ter sido atingido o controlo da temperatura. Este tempo depende dos passos de temperatura que estamos a utilizar, para um passo de 5 K, o sistema passa 10 minutos a estabilizar.

Para cada temperatura, são medidas as frequências de ressonância e de antirressonância da fundamental e da primeira harmónica, bem como os parâmetros do circuito equivalente do modo fundamental. A capacitância é medida a baixas frequências e a frequências intermédias, nas quais a admitância mecânica é nula, mas também a altas frequências. São medidos os valores da parte real e imaginária da admitância a 1 KHz, que são ε' e ε", respetivamente.

Para melhor compreender o funcionamento do processo experimental, este será explicado por ordem cronológica.

1. Antes de colocar a amostra na instalação laboratorial, a parede lateral de cada amostra tem de ser lixada. Deste modo, a face frontal e a face posterior não entram em contacto elétrico.

2. Depois de as amostras terem sido polarizadas e lixadas, têm de ser colocadas no interior do dedo frio.

3. As frequências de ressonância e antirressonância das ondas fundamentais e harmónicas são procuradas no analisador de impedâncias para introduzir os valores no computador juntamente com os parâmetros da amostra (área, raio e espessura). Se os coeficientes dieléctricos forem medidos, esta etapa não é necessária, uma vez que a frequência de ressonância não é necessária e o analisador de impedâncias não é utilizado.

4. As torneiras de ar têm de ser fechadas.

5. A primeira bomba de vácuo é ligada. Desta forma, é criado um vácuo no sistema. Passados alguns minutos, a outra bomba de vácuo é ligada para criar um super-vácuo no interior do sistema onde se encontra a amostra.

6. Uma vez criado o super vácuo, a bomba de água é ligada e, um minuto depois, o compressor também é ligado.

7. Agora a experiência está pronta para começar.

4. Resultados

Esta secção contém todos os gráficos obtidos no laboratório, incluindo os coeficientes dieléctricos e de ressonância. Uma vez calculados todos os coeficientes dieléctricos, todas as amostras foram polarizadas para se poderem obter os coeficientes piezoeléctricos. Deve ter-se em conta que cada gráfico tem uma duração de pelo menos dois dias, pelo que o processo de obtenção dos gráficos demorou semanas. Importa esclarecer que existem dois grupos de amostras não comerciais, aqui designados por Estado Sólido e Pechini. Ambas são BCTZ, mas foram obtidas a partir de diferentes rotas de processamento, resultando em materiais com a mesma composição, mas com microestrutura diferente; por exemplo, tamanho de grão diferente.

4.1. Resposta dieléctrica

Antes de iniciar as medições piezoeléctricas, foram realizadas medições dieléctricas, para nos dar uma ideia primária do comportamento das amostras. Se o coeficiente dielétrico for bom em função da temperatura, também o serão os coeficientes piezoeléctricos.

Para visualizar os resultados dos coeficientes dieléctricos e obter o máximo de informação, foram traçados gráficos que mostram o comportamento do coeficiente dielétrico e das perdas em função da temperatura. Estas medições foram efectuadas a diferentes frequências, para conhecer a melhor frequência de trabalho de cada amostra.

Quando falamos de coeficientes dieléctricos e de perdas, falamos também de admitância, uma vez que a admitância, como referido na secção 3.2, é inversamente proporcional à impedância. A impedância pode ser dividida em duas partes, a real e a imaginária

$$Y = G + iB \tag{4.1}$$

em que G é a parte real e B a parte imaginária. A parte real é a resistência que corresponde às perdas dieléctricas e a parte imaginária que é a capacidade que, por sua vez, é a constante dieléctrica. Assim, se as perdas dieléctricas forem elevadas, então muita energia é dissipada sob a forma de calor. Isto significa que quando uma corrente eléctrica circula numa amostra piezoeléctrica, esta vibra menos e também aquece o ambiente. As perdas dieléctricas a temperaturas muito baixas são praticamente nulas, uma vez que a estas temperaturas apenas existe a parte intrínseca.

4.1.1. Estado sólido

Para mostrar toda a informação das seis amostras, foi traçado um gráfico de cada amostra que mostra o seu comportamento. Este mostra a constante dieléctrica, mas também as perdas dieléctricas a diferentes frequências, mais concretamente, a 100 Hz, 1, 10 e 100 KHz e 1 MHz. Adicionalmente, foram criados dois gráficos para comparar as seis amostras entre si, mostrando o seu comportamento a 1 KHz.

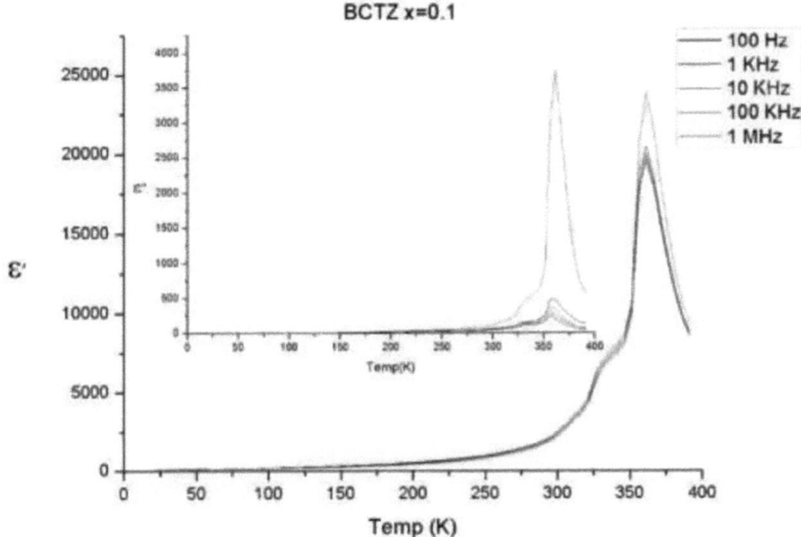

Figura 4.1 Coeficiente dielétrico e perdas vs temperatura do BCTZ x=0,1

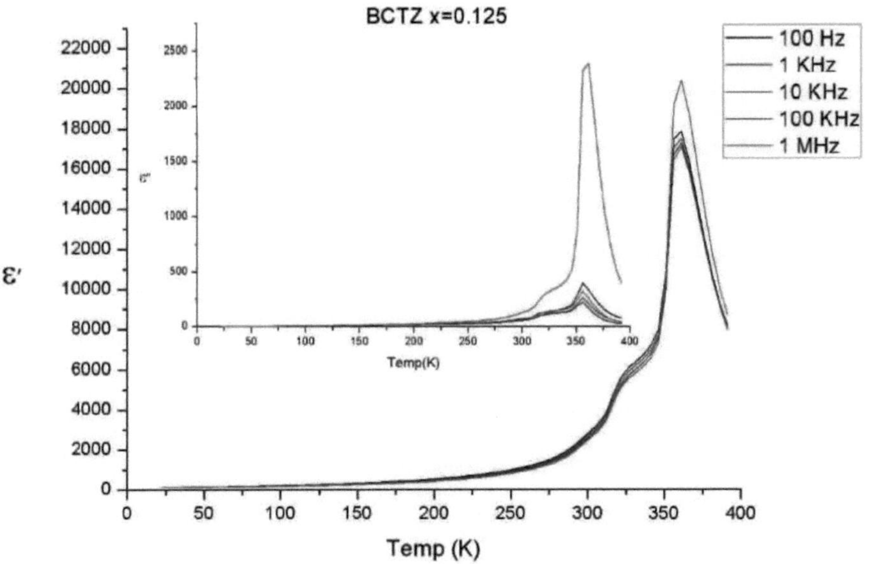

Figura 4.2.D coeficiente dielétrico e perdas vs temperatura do BCTZ x=0,125

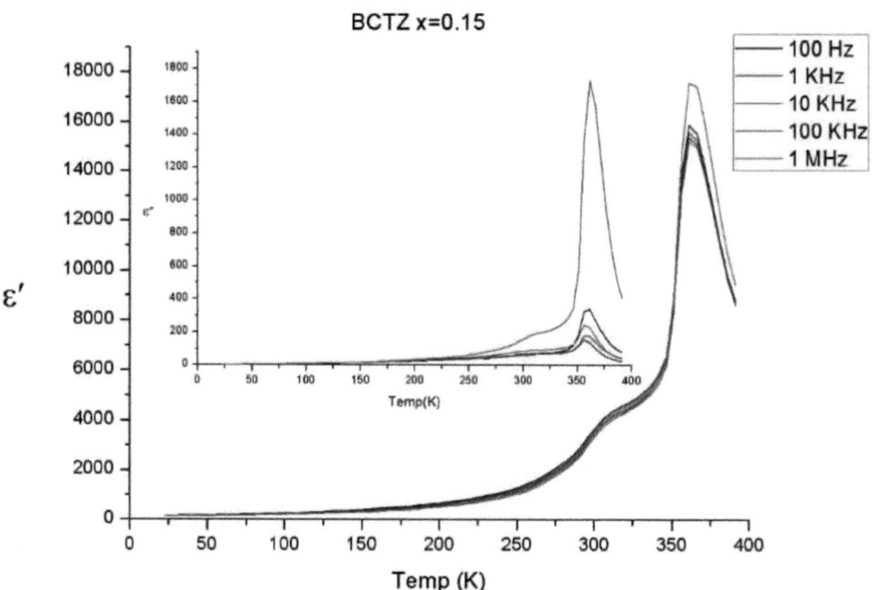

Figura 4.3.D coeficiente dielétrico e perdas vs temperatura do BCTZ x=0,1

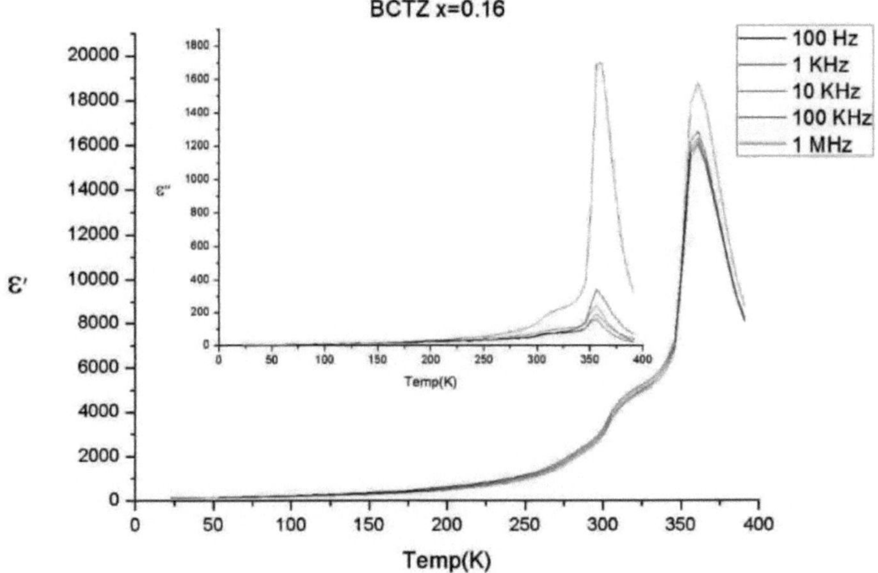

Figura 4.4.D coeficiente dielétrico e perdas vs temperatura do BCTZ x=0,16

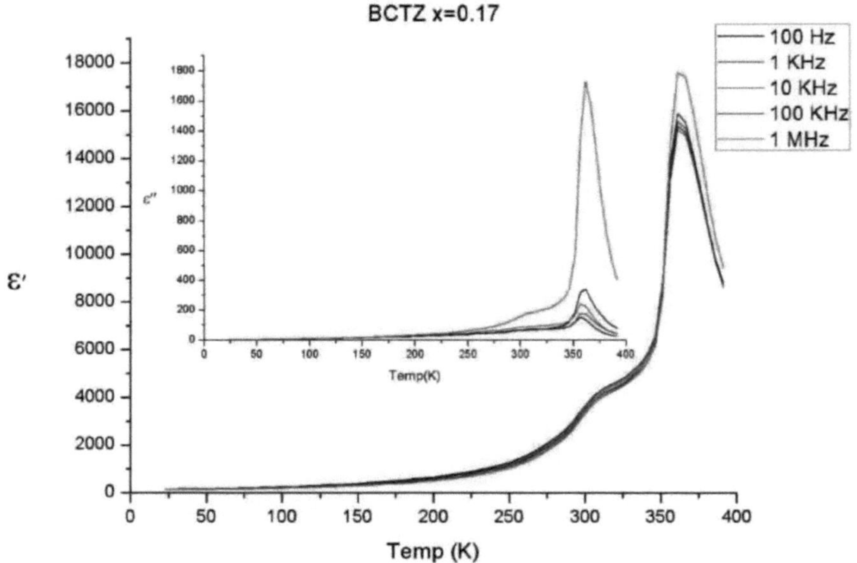

Figura 4.5 Coeficiente dielétrico e perdas vs temperatura do BCTZ x=0,17

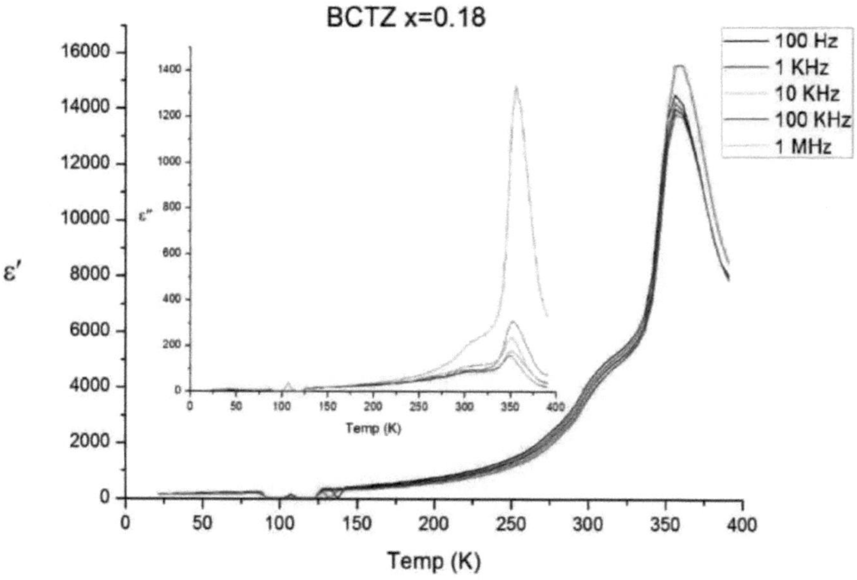

Figura 4.6 Coeficiente dielétrico e perdas versus temperatura do BCTZ x=0,18

Como se pode ver nos gráficos anteriores, todas as amostras têm um comportamento muito semelhante em relação à temperatura. Além disso, todas as amostras atingem o pico à mesma temperatura; 360 K, uma vez que todas as amostras têm uma temperatura de Curie baixa. Apesar disso, não foi possível evitar a descida abrupta das propriedades. Isto faz com que as propriedades sejam piores do que o esperado a temperaturas criogénicas.

Para comparar todas as amostras entre si, foram traçados os gráficos 4.7 e 4.8. Um para mostrar o coeficiente dielétrico e o outro para mostrar as perdas dieléctricas. Ambos mostram o mesmo comportamento a uma frequência de 1 KHz. Para se ter uma melhor ideia das amostras, também se fez uma ampliação das partes mais importantes do gráfico à temperatura criogénica e à temperatura ambiente. Desta forma, o coeficiente à temperatura criogénica pode ser claramente apreciado, o que constitui a principal razão deste estudo.

Estes resultados não são positivos e levam a concluir que as propriedades piezoeléctricas destas amostras serão apenas muito pequenas.

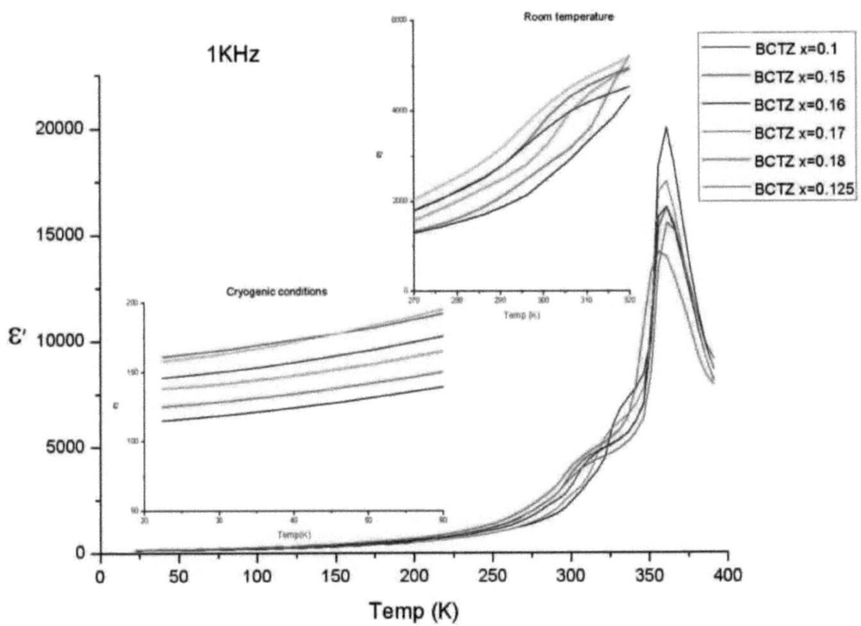

Figura 4.7 Coeficiente dielétrico do BCTZ vs temperatura a 1 KHz

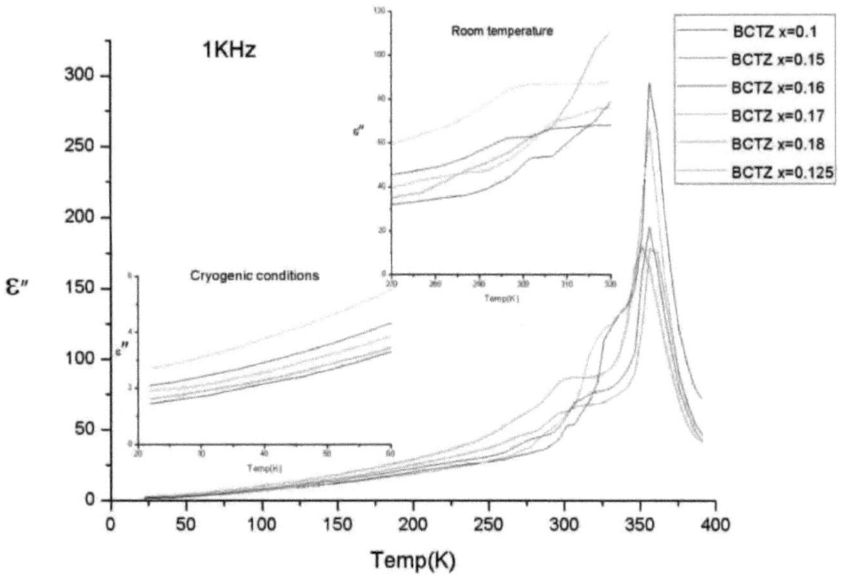

Figura 4.8.Perdas dieléctricas do BCTZ vs temperatura a 1KHz

4.1.2. Pechinchas

Para obter o coeficiente dielétrico e as perdas dieléctricas destes diferentes tipos de amostras, repete-se o mesmo processo que o efectuado com as amostras no estado sólido.

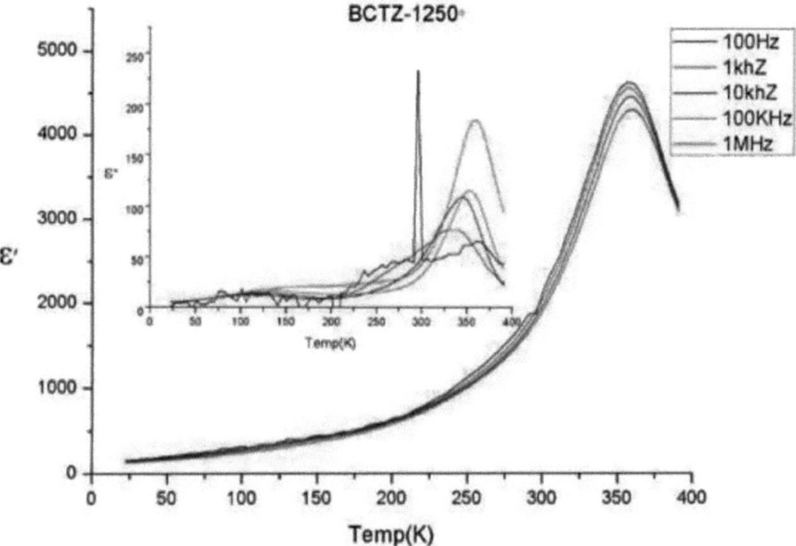

Figura 4.9: Coeficiente dielétrico e perdas do BCTZ-1250°

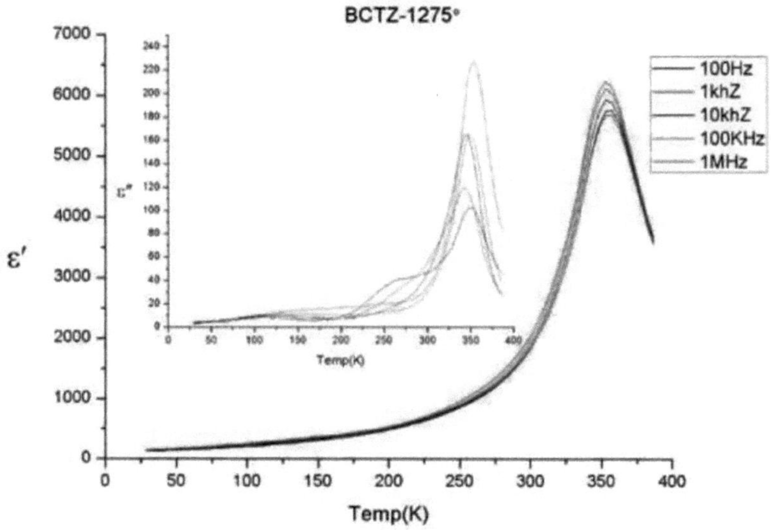

Figura 4.10 Coeficiente dielétrico e perdas do BCTZ-1275^0

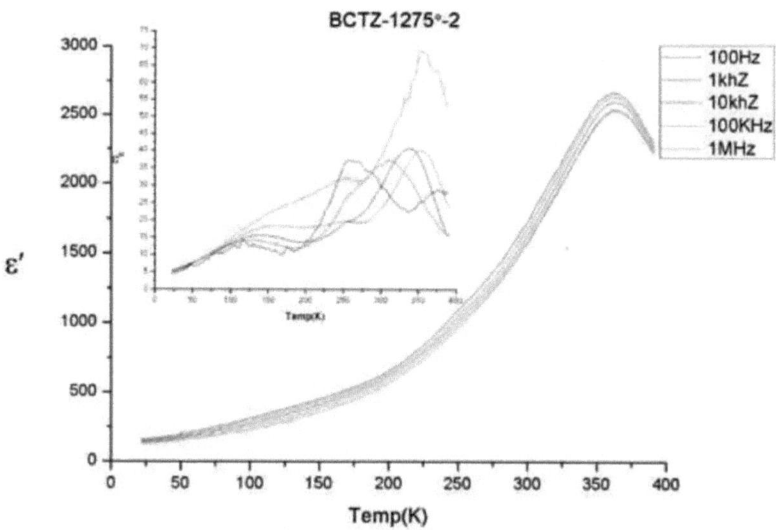

Figura 4.11. Coeficiente dielétrico e perdas do BCTZ-1275^0 -2

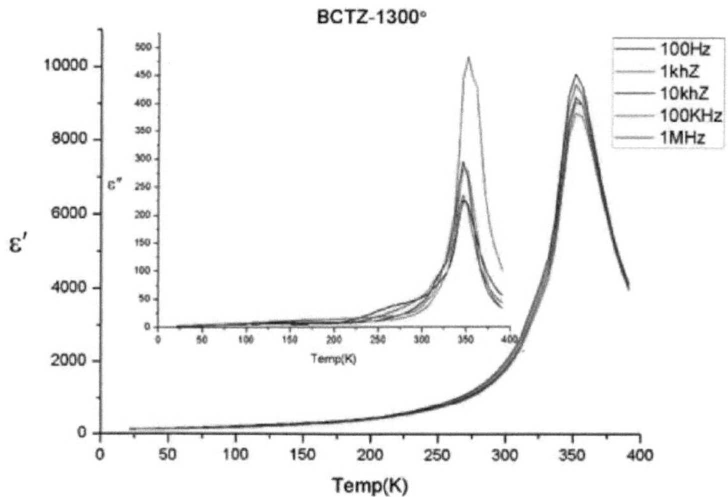

Figura 4.12. Coeficiente dielétrico e perdas do BCTZ-1300°

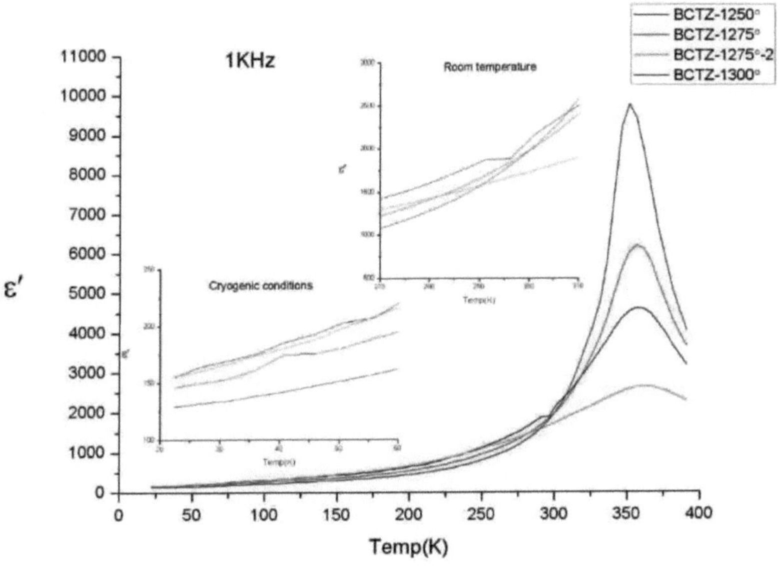

Figura 4.13.Coeficiente dielétrico do BCTZ vs temperatura a 1 KHz

Os gráficos 4.9 a 4.12 mostram o comportamento de cada amostra a diferentes frequências em função da temperatura. Como se pode ver nestes gráficos, as propriedades destas amostras não são boas. De facto, as propriedades de todas as amostras à temperatura ambiente são muito piores do que as das amostras SolidState. O pico das propriedades, que ocorre imediatamente antes da temperatura de Curie, encontra-se a 360 K. Além disso, este pico não apresenta propriedades muito boas como acontece com as outras amostras, mas isto faz com que a queda das propriedades seja muito menos acentuada.

No gráfico 4.13, todas as amostras de Pechini são comparadas para determinar qual delas funciona melhor. Para uma melhor legibilidade, as partes principais dos gráficos foram reduzidas para as temperaturas criogénica e ambiente. A partir daqui, podemos avaliar qual das amostras tem as melhores propriedades. A amostra BCTZ-1300º tem a maior constante dieléctrica, mas à medida que a temperatura desce, esta amostra é a que tem a queda mais acentuada para temperaturas criogénicas.

Nenhuma destas amostras de Pechini poderia funcionar a temperaturas criogénicas, uma vez que as propriedades a temperaturas criogénicas não são suficientemente fortes e, por essa razão, não vale a pena fazer o estudo piezoelétrico destas amostras.

4.2. Resposta eletromecânica

Apesar de todos os coeficientes dieléctricos não terem sido tão bons como esperado, decidiu-se determinar os coeficientes piezoeléctricos de um tipo de amostras, as de Estado Sólido, uma vez que estas foram concebidas para terem boas propriedades piezoeléctricas a temperatura criogénica.

Uma vez calculados o coeficiente dielétrico e as perdas para se ter uma primeira ideia destas amostras, é altura de obter o coeficiente piezoelétrico. Para poder calcular este coeficiente, é necessário efetuar alguns passos prévios de preparação.

Para registar todas as propriedades das amostras é necessário um programa Matlab. O programa Matlab tem o objetivo de processar todos os dados obtidos no laboratório. Esses dados, que resultam da experiência, são muitos e muito variados. Contêm dados que são utilizados para calcular os coeficientes explicados anteriormente, como a frequência de ressonância e antirressonância, a capacidade e a velocidade planar v^p a cada temperatura e muitas outras informações. Para obter os coeficientes utilizam-se as soluções exactas de admitância, escolhendo as formas adequadas das equações constitutivas de acordo com as condições de contorno e a geometria das amostras [15].

A equação da admitância é a seguinte:

$$Y = \frac{-i\omega\varepsilon_{33}^{P}\pi a^{2}}{t}\frac{2\left(k^{P}\right)^{2}}{1-\sigma^{P}-J_{1}^{C}}-\frac{-i\omega\varepsilon_{33}^{P}\pi a^{2}}{t} \tag{4.2}$$

A admitância também pode ser escrita como Y= Y_{Mec} + Y_{Elect}, onde:

$$Y_{Mec} = \frac{-i\omega\varepsilon_{33}^{P}\pi a^{2}}{t}\frac{2\left(k^{P}\right)^{2}}{1-\sigma^{P}-J_{1}^{C}} \tag{4.3}$$

e

$$Y_{Elect} = \frac{i\omega\varepsilon_{33}^{P}\pi a^{2}}{t} \tag{4.4}$$

Onde a e t são o raio e a espessura do material cerâmico, respetivamente; ε_{33}^{p} é a permissividade plana, k^p é o coeficiente de acoplamento radial plano, ω é a frequência angular, σ^p é o coeficiente de Poisson plano e J_1^c é a função de Bessel cilíndrica de ordem 1 [15].

Usando a equação da admitância e aplicando as condições de ressonância e antirressonância. Na frequência de ressonância a impedância nesse momento é sempre a mínima, logo a admitância é máxima ($Y\rightarrow\infty$). Por outro lado, na frequência de antirressonância a admitância é nula (Y=O) e a impedância é máxima. Aplicando estas duas condições à equação da admitância e com a frequência de ressonância e antirressonância que são obtidas diretamente do laboratório como já foi referido, obtêm-se as equações transcendentais.

(Y→∞) $$J_1^C(z) = 1 - \sigma^P \quad (4.5)$$

e

(Y=0) $$J_1^C(z) = 1 - \sigma^P - 2*(k^P)^2 \quad (4.6)$$

Resolvendo a equação 4.4, obtém-se o coeficiente de Poisson plano σ^p . Como σ^p e v^p foram estimados, K^p pode ser determinado. Também graças às definições do coeficiente de Poisson planar e da velocidade planar [15], $s_{11}{}^E$ pode ser determinado. E, finalmente, para determinar o coeficiente dielétrico planar $\varepsilon_{33}{}^p$ mede-se a capacidade da cerâmica em que o Y_{mec} é zero. Assim, a próxima condição deve ser satisfeita:

$$1 - \sigma^P - J_1^C(z) = \infty \quad (4.7)$$

A partir das fórmulas explicadas anteriormente e com a ajuda do programa Matlab, foi possível obter todos os coeficientes piezoeléctricos, como s_{11E} , d_{31} , k_{31} ,$\varepsilon_{33}{}^p$.

Ao contrário do que acontece com os coeficientes dieléctricos, para a medição das frequências de ressonância é necessário dispor de um analisador de resistência para calcular as frequências de ressonância e antirressonância de cada amostra.

Para obter o máximo de informação de todas as amostras, tentámos traçar um gráfico para cada coeficiente explicado anteriormente. No entanto, a dada altura durante a experiência, a amostra perdeu o contacto com o suporte da amostra, pelo que alguns dados ficaram corrompidos e alguns coeficientes, por exemplo k_{31} , foram afectados. Por este motivo, decidiu-se escolher apenas três coeficientes. ε_{33p}, d_{31}, s_{HE} foram selecionados devido à sua importância e porque reflectem bem o comportamento de todas as amostras. Por outro lado, se os resultados tivessem sido bons, ter-se-ia repetido o processo das amostras, de modo a obter todos os coeficientes sem qualquer perturbação. Mas devido à falta de tempo e ao facto de os coeficientes obtidos não serem satisfatórios, não foi necessário fazê-lo.

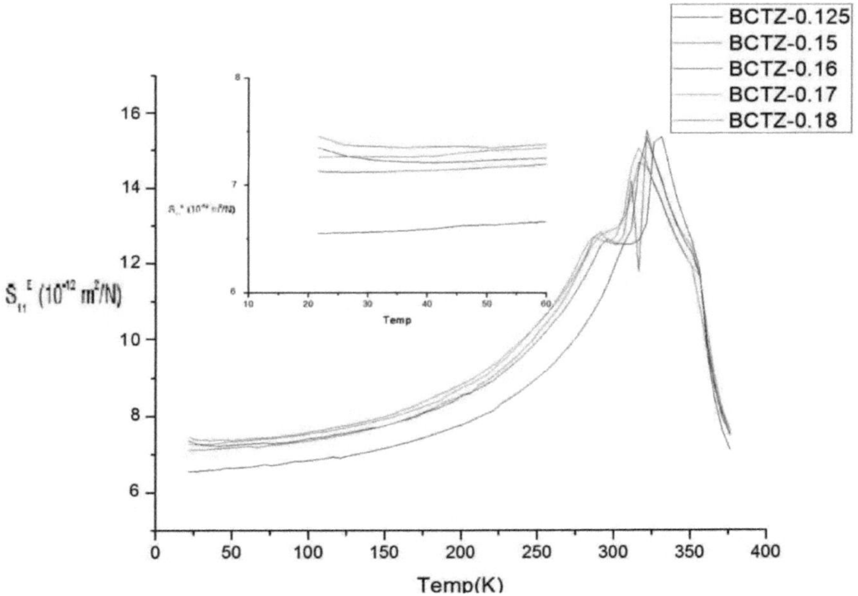

Figura 4.14. Conformidade elástica S_{H^E} vs temperatura a 1 KHz

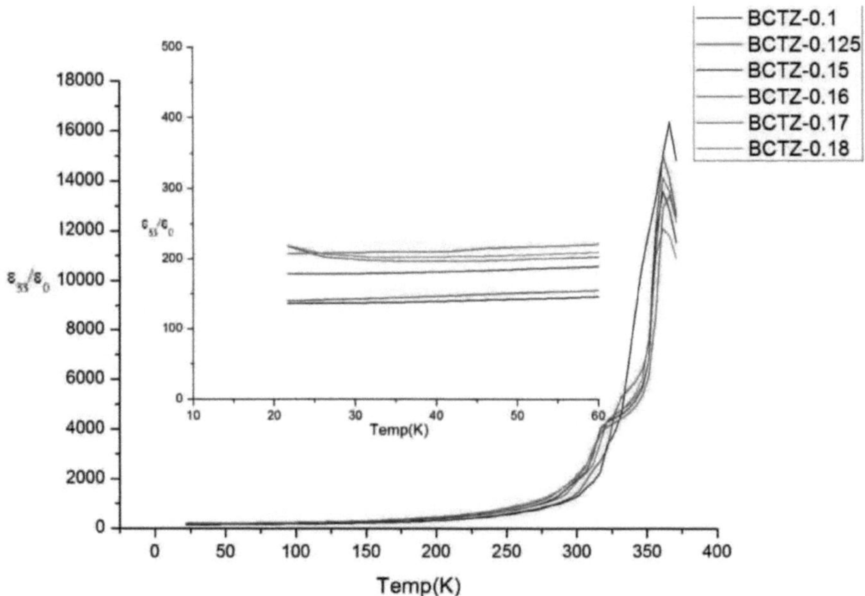

Figura 4.15.ε3 3⁄εo vs temperatura a 1 KHz

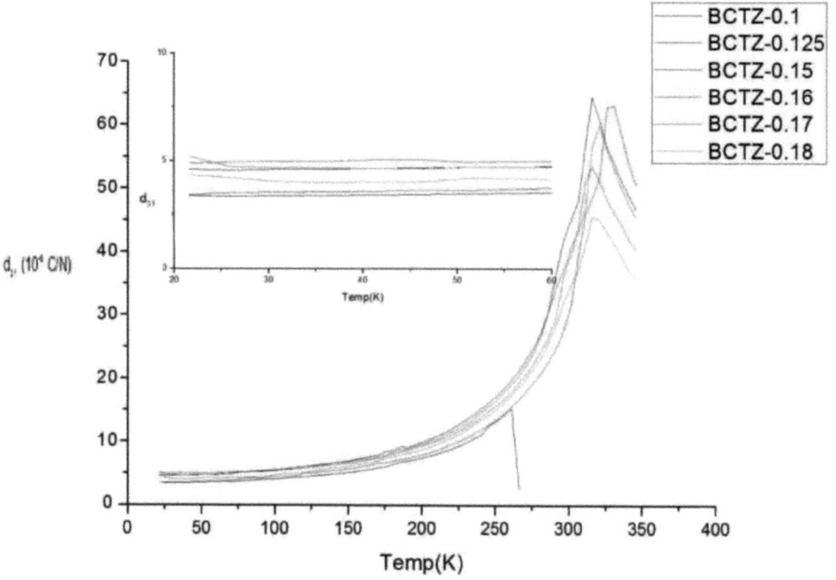

Figura 4.16.Coeficiente piezoelétrico versus temperatura a 1 KHz

Os gráficos 4.14, 4.15 e 4.16 permitem compreender claramente o comportamento de todas as amostras. Para se ter uma ideia melhor, foi feita uma ampliação, mas desta vez apenas a temperaturas criogénicas.

Os gráficos 4.15 e 4.16 mostram a permissividade relativa e o coeficiente piezoelétrico, respetivamente. Como se pode ver, estes coeficientes são quase constantes a temperaturas muito baixas, pelo que, mesmo que a temperatura desejada fosse de 150 K, os coeficientes continuariam a ser maus. A conformidade elástica a temperaturas criogénicas também é demasiado pequena. Estes resultados são demasiado pequenos e estão muito longe do esperado, o que é necessário para o seu funcionamento correto em condições criogénicas.

5. Conclusões

Este estudo foi realizado no laboratório de Materiais Piezoeléctricos do Departamento de Física da UPC e utilizou diferentes amostras de BCTZ para verificar as suas propriedades piezoeléctricas para uma aplicação aeronáutica.

Estas amostras foram quimicamente concebidas para terem um bom comportamento a baixas temperaturas, aumentando o efeito intrínseco, uma vez que esta contribuição não depende da temperatura. Além disso, as amostras foram criadas para terem uma temperatura de Curie baixa e, assim, melhorar as propriedades a temperaturas criogénicas, a fim de utilizar as amostras em condições criogénicas. Apesar desta seleção de design, as amostras não apresentaram as propriedades esperadas. Os valores das propriedades medidas das amostras diminuíram de forma incrível, como se pode ver nos gráficos anteriores dos coeficientes piezoeléctricos.

Assim, apesar de estas amostras terem sido criadas especialmente para este estudo, os resultados não foram adequados para a aplicação pretendida. As amostras estudadas apresentaram quase o mesmo comportamento que quaisquer outras amostras comerciais.

Estes resultados em todos os coeficientes piezoeléctricos, que não eram esperados em amostras de Estado Sólido, demonstraram que é muito difícil encontrar um material cerâmico piezoelétrico que tenha propriedades suficientemente boas à temperatura ambiente para ter propriedades suficientes a temperaturas criogénicas. No entanto, o objetivo principal do estudo não pode ser descartado, que é encontrar um material piezoelétrico que funcione eficientemente a temperaturas criogénicas, porque apesar de existirem muitos outros materiais para além da cerâmica que poderiam funcionar em condições criogénicas, como os cristais piezoeléctricos que têm boas propriedades. O problema dos cristais é que são muito caros em comparação com os materiais cerâmicos.

Esta foi uma das principais razões pelas quais se escolheu a cerâmica em vez do cristal para este estudo.

Em conclusão, as cerâmicas piezoeléctricas escolhidas não apresentam propriedades piezoeléctricas suficientemente boas para funcionarem da melhor forma possível em condições criogénicas. Teríamos de ter encontrado um material cerâmico com um efeito intrínseco extremamente grande, para que o declínio a baixas temperaturas pudesse ser menos acentuado. As cerâmicas não são adequadas para este fim e os materiais cristalinos são demasiado caros para uma aplicação no mundo real. Embora pareça ser bastante difícil, o próximo passo deverá ser encontrar um material diferente que possa funcionar corretamente em condições criogénicas.

6. Bibliografia

[1] D. Ortega, Historia del Ultrasonido: El caso chileno", *Revista chilena de Radiologia,* Vol.10 n^0 2, 2004

[2] B. Jaffe, W. R. Cock Jr e H. Jaffe, *Piezoelectric ceramics*, Londres, 1971.

[3] J. E. Garcia, *Contribuição extrínseca e propriedades de instabilidade em piezocerâmicas à base de chumbo e sem chumbo*, Materials 8, 7821, Barcelona, 2015.

[4] D. A. Ochoa, J. E. Garcia, R. Pérez, and A. Albareda, *Influence of extrinsic contribution on the macroscopic properties of hard and soft lead zirconate titanate ceramics*, IEEE Transactions on Ultrasonics, Ferroelectrics and Frequency Control 55, 2732, Barcelona, 2008.

[5] Q. M. Zhang, H. Wang, N. Kim, e L. E. Cross, *Avaliação direta da parede de domínio e das contribuições intrínsecas para a resposta dieléctrica e piezoeléctrica e sua dependência da temperatura no titanato de zirconato de chumbo*, Journal of Applied Physics 75, 454, 1994.

[6] X. L. Zhang, Z. X. Chen, L. E. Cross e W. A. Schulze, *Propriedades dieléctricas e piezoeléctricas de cerâmicas de titanato de zirconato de chumbo modificadas de 4,2 a 300 K*. Journal of Materials Science 18, 968, 1983.

[7] J. Rodel, W. Jo, K. T. P. Seifert, E.-M. Anton, T. Granzow, e D. Damjanovic, *Perspective on the development of lead-free piezoceramics*, Journal ofthe American Ceramics Society 92, 1153-1177, 2009.

[8] Diretiva 2002/95/CE da UE: *Restrição do uso de determinadas substâncias perigosas em equipamentos eléctricos e electrónicos (RoHS)*, Off. J. Eur. União Europeia, 46 [L37] 19-23, 2003.

[9] J. Rodel, K. G. Webber, R. Dittmer, W. Jo, M. Kimura e D. Damjanovic, *Transferindo cerâmicas piezoeléctricas sem chumbo para aplicação*, Journal ofthe European Ceramics Society 35, 1659, 2015.

[10] A. Reyes-Montero, L. Pardo, R. Lopez-Juarez, A. M. Gonzalez, S. O. Rea-Lopez, M. P. Cruz e M. E. Villafuerte-Castrejon, *tamanho de grão sub-10 μm, piezocerâmica Ba1-xCaxTi0.9Zr0.1O3 (x = 0.10 e x = 0.15) processada usando um tratamento térmico reduzido*. Smart Materirials and Structures 24, 065033, 2015.

[11] W. Liu, e X. Ren, *Grande efeito piezoelétrico em cerâmicas livres de Pb*. Physical Review Letter 103, 257602, 2009.

[12] M. E. Villafuerte-Castrejon, E. Moran, A. Reyes-Montero, R. Vivar- Ocampo, J.-A. Pena-Jiménez, S.-O. Rea-López, e L. Pardo, *Rumo a piezocerâmicas sem chumbo: enfrentando um desafio de síntese*, Materiais 9,21,2016.

[13] Divisão Piezocerâmica, *Componentes e materiais de alta qualidade para a indústria eletrónica*, Ferroperm, revista científica, Kvistard, 1995.

[14] Juliewatty Mohamed, *Processamento e ensaio de electrocerâmica*, Malasya, 2016

[15] American National Standards Institute, *IEEE Standard on Piezoelectricity*, Instituto de Engenheiros Eléctricos e Electrónicos, Nova Iorque 1987.

[16] D. A. Ochoa, *Respuesta extrinseca y comportamiento no lineal en materiales ceramicos piezoeléctricos*, Tesis Doctoral, Universitat Politècnica de Catalunya, 2009.

Printed by Books on Demand GmbH, Norderstedt / Germany